国家出版基金项目
NATIONAL PUBLICATION FOUNDATION

法国国家附件

Eurocode 7：
岩土工程设计

第1部分：一般规定

NF EN 1997-1/NA

［法］法国标准化协会（AFNOR）

欧洲结构设计标准译审委员会　**组织翻译**

张朋举　　　　**译**

丁　宁　　　**一审**

刘　宁　周　瑞　**二审**

人民交通出版社股份有限公司

北　京

版 权 声 明

图书在版编目（CIP）数据

法国国家附件 Eurocode 7：岩土工程设计. 第 1 部分：一般规定 NF EN 1997-1/NA / 法国标准化协会（AFNOR）组织编写；张朋举译. — 北京：人民交通出版社股份有限公司，2019.11

ISBN 978-7-114-16190-2

Ⅰ. ①法… Ⅱ. ①法… ②张… Ⅲ. ①岩土工程—建筑设计—建筑规范—法国 Ⅳ. ①TU4

中国版本图书馆 CIP 数据核字（2019）第 301038 号

著作权合同登记号：图字 01-2019-7779

Faguo Guojia Fujian Eurocode 7：Yantu Gongcheng Sheji Di 1 Bufen：Yiban Guiding

书　　名：法国国家附件　Eurocode 7：岩土工程设计　第 1 部分：一般规定 NF EN 1997-1/NA
著　作　者：法国标准化协会（AFNOR）
译　　者：张朋举
责任编辑：钱　堃　屈闻聪
责任校对：刘　芹
责任印制：刘高彤
出版发行：人民交通出版社股份有限公司
地　　址：（100011）北京市朝阳区安定门外外馆斜街 3 号
网　　址：http://www.ccpress.com.cn
销售电话：（010）59757973
总 经 销：人民交通出版社股份有限公司发行部
经　　销：各地新华书店
印　　刷：北京虎彩文化传播有限公司
开　　本：880×1230　1/16
印　　张：1.5
字　　数：30 千
版　　次：2019 年 11 月　第 1 版
印　　次：2024 年 10 月　第 2 次印刷
书　　号：ISBN 978-7-114-16190-2
定　　价：30.00 元
（有印刷、装订质量问题的图书，由本公司负责调换）

出 版 说 明

包括本标准在内的欧洲结构设计标准(Eurocodes)及其英国附件、法国附件和配套设计指南的中文版,是 2018 年国家出版基金项目"欧洲结构设计标准翻译与比较研究出版工程(一期)"的成果。

在对欧洲结构设计标准及其相关文本组织翻译出版过程中,考虑到标准的特殊性、用户基础和应用程度,我们在力求翻译准确性的基础上,还遵循了一致性和有限性原则。在此,特就有关事项作如下说明:

1. 本标准中文版根据法国标准化协会(AFNOR)提供的法文版进行翻译,仅供参考之用,如有异议,请以原版为准。

2. 中文版的排版规则原则上遵照外文原版。

3. Eurocode(s)是个组合再造词。本标准及相关标准范围内,Eurocodes 特指一系列共 10 部欧洲标准(EN 1990 ~ EN 1999),旨在为房屋建筑和构筑物及建筑产品的设计提供通用方法;Eurocode 与某一数字连用时,特指EN 1990 ~ EN 1999 中的某一部,例如,Eurocode 8 指 EN 1998 结构抗震设计。经专家组研究,确定 Eurocode(s)宜翻译为"欧洲结构设计标准",但为了表意明确并兼顾专业技术人员用语习惯,在正文翻译中保留 Eurocode(s)不译。

4. 书中所有的插图、表格、公式的编排以及与正文的对应关系等与外文原版保持一致。

5. 书中所有的条款序号、括号、函数符号、单位等用法,如无明显错误,与外文原版保持一致。

6. 在不影响阅读的情况下书中涉及的插图均使用外文原版插图,仅对图中文字进行必要的翻译和处理;对部分影响使用的外文原版插图进行重绘。

7. 书中涉及的人名、地名、组织机构名称以及参考文献等均保留外文原文。

特别致谢

本标准的译审由以下单位和人员完成。河南省交通科学技术研究院有限公司的张朋举承担了主译工作,河南省交通科学技术研究院有限公司的丁宁、中交第一公路勘察设计研究院有限公司的刘宁、周瑞承担了主审工作。他(她)们分别为本标准的翻译工作付出了大量精力。在此谨向上述单位和人员表示感谢!

欧洲结构设计标准译审委员会

欧洲结构设计标准译审委员会总体组

组　　长：余顺新(中交第二公路勘察设计研究院有限公司)

成　　员：(按姓氏笔画排序)

王敬烨(中国铁建国际集团有限公司)

车　轶(大连理工大学)

卢树盛[长江岩土工程总公司(武汉)]

吕大刚(哈尔滨工业大学)

任青阳(重庆交通大学)

刘　宁(中交第一公路勘察设计研究院有限公司)

宋　婕(中国建筑标准设计研究院)

李　顺(天津水泥工业设计研究院有限公司)

李亚东(西南交通大学)

李志明(中冶建筑研究总院有限公司)

李雪峰[上海市城市建设设计研究总院(集团)有限公司]

张　寒(中国建筑科学研究院有限公司)

张春华(中交第二公路勘察设计研究院有限公司)

狄　谨(重庆大学)

胡大琳(长安大学)

姚海冬(中国路桥工程有限责任公司)

徐晓明(航天建筑设计研究院有限公司)

郭　伟(中国建筑标准设计研究院)

郭余庆(中国天辰工程有限公司)

黄　侨(东南大学)

谢亚宁(中设设计集团股份有限公司)

秘　　书：李　喆(人民交通出版社股份有限公司)

卢俊丽(人民交通出版社股份有限公司)

FA144141

ISSN 0335-3931

NF EN 1997-1/NA

2006 年 9 月

分类索引号:P 94-251-1/NA

ICS:93.020

法国标准

法国国家附件
Eurocode 7:岩土工程设计
第 1 部分:一般规定
NF EN 1997-1:2005

英文版名称:Eurocode 7—Geotechnical design—Part 1:General rules—National annex to NF EN 1997-1:2005

德文版名称:Eurocode 7—Entwurf, Berechnung und Bemessung in der Geotechnik—Teil 1:Allgemeine Regeln—Nationaler Anhang zu NF EN 1997-1:2005

发布	法国标准化协会(AFNOR)主席于 2006 年 8 月 20 日决定,本国家附件于 2006 年 9 月 20 日生效。
相关内容	本国家附件发布之日,不存在相同主题的欧洲或国际文件。
提要	本国家附件补充了 2005 年 6 月发布的 NF EN 1997-1,NF EN 1997-1 是 EN 1997-1:2004 在法国的适用版本。 本国家附件定义了 2005 年 6 月发布的 NF EN 1997-1 在法国的适用条件,NF EN 1997-1 引用了 EN 1997-1:2004 及其附录 A ~ H 和附录 J 中的一般规定。
关键词	**国际技术术语**:岩土工程、地基土、基础、桩基础、墙、填方、计算、计算规则、设计规定、容许应力、限值、断裂强度、建筑、土木工程。

修订

勘误

法国标准化协会(AFNOR)出版发行—地址:11, rue Francis de Pressensé—邮编:93571 La Plaine Saint-Denis
电话:+ 33 (0)1 41 62 80 00—传真:+ 33 (0)1 49 17 90 00—网址:www. afnor. fr

岩土工程设计分委员会　BNSR

标准化委员会

主席：MAGNAN　　　先生

秘书：CANEPA　　　先生　　　DREIF-LREP

委员：（按姓氏、先生/女士、单位列出）

BAGUELIN	先生	FONDASOL
BERTHELOT	先生	VERITAS
BIGOT	先生	DREIF-LREP
BOLLE	先生	CNT
BUET	先生	EDF-SQR-TEGG
CARPINTEIRO	先生	COPREC/SOCOTEC
CAQUEL	先生	CN GEOSYNTHETIQUES/LR NANCY
COLSON	先生	FNTP
DELAHOUSSE	先生	ARCELOR
DELHOMEL	先生	SNCF
DELMAS	先生	CN GEOSYNTHETIQUES/BIDIM
DROUAUX	女士	CNT/SETRA
DUFFAUT	先生	CFMR
DURVILLE	先生	CGPC
FRANK	先生	ENPC-CERMES
GENTILINI	先生	CN GRANULAT/LR AIX EN PROVENCE
GOUVENOT	先生	FNTP
GRAU	先生	SPIE FONDATIONS
GUERPILLON	先生	SCETAUROUTE
HAIUN	先生	SETRA
KOVARIK	先生	PORT AUTONOME DE ROUEN
LEGENDRE	先生	CNETG/SOLETANCHE BACHY
MAGNAN	先生	BNSR/LCPC
MICHALSKI	先生	CNREG/ANTEA
MILLAN	先生	SETRA
PIET	先生	CETMEF
PINÇON	先生	BNTEC
PATROUILLEAU	女士	CN PE06/AFNOR
PINEAU	女士	CN MISSIONS GEOTECHNIQUES/AFNOR

PLUMELLE	先生	CNAM
RAYNAUD	先生	AEROPORTS DE PARIS
ROBERT	先生	CN MISSIONS GEOTECHNIQUES/ARCADIS
SCHMITT	先生	SOLETANCHE BACHY
SEGRESTIN	先生	TERRE ARMEE/CONSULTANT
SIMON	先生	USG/TERRASOL
THONIER	先生	EGF-BTP
TROUX	先生	FFB-UMGO
VOLCKE	先生	SOFFONS/FRANKI FONDATION
VEZOLE	先生	FFB/EIFFAGE CONSTRUCTION

目　次

前言

(1)本国家附件定义了 NF EN 1997-1:2005 在法国的适用条件。NF EN 1997-1:2005 引用了欧洲标准化委员会于 2004 年 4 月 23 日批准、2004 年 11 月 24 日实施的 EN 1997-1:2004 及其附录 A~H 和附录 J。

(2)本国家附件由岩土工程设计分委员会编写。

(3)本国家附件:

——为 EN 1997-1:2004 的以下条款提供国家定义参数(NDP)并允许各国自行选择参数信息:

——2.1(8)P,2.4.6.1(4)P,2.4.6.2(2)P,2.4.7.1(2)P,2.4.7.1(3),2.4.7.2(2)P,2.4.7.3.2(3)P,2.7.4.3.3(2)P,2.4.7.3.4.1(1)P,2.4.7.4(3)P,2.4.7.5(2)P,2.4.8(2),2.4.9(1)P,2.5(1),7.6.2.2(8)P,7.6.2.2(14)P,7.6.2.3(4)P,7.6.2.3(5)P,7.6.2.3(8),7.6.2.4(4)P,7.6.3.2(2)P,7.6.3.2(5)P,7.6.3.3(3)P,7.6.3.3(4)P,7.6.3.3(6),8.5.2(2)P,8.5.2(3),8.6(4),11.5.1(1)P。

——和附录 A 的以下条款:

——A.2;

——A.3.1,A.3.2,A.3.3.1,A.3.3.2,A.3.3.3,A.3.3.4,A.3.3.5,A.3.3.6;

——A.4;

——A.5。

——规定了 NF EN 1997-1:2005 的资料性附录 B~H 和附录 J 的使用条件。

——提供非矛盾性补充信息,以便于 NF EN 1997-1:2005 的应用。

(4)引用条款为 NF EN 1997-1:2005 中的条款。

(5)本国家附件应配合 NF EN 1997-1:2005,并结合 EN 1990~EN 1999 系列 Eurocodes,用于新建建(构)筑物的设计。在全部 Eurocodes 出版之前,如有必要,应针对具体项目对国家定义参数进行定义。

(6)如果 NF EN 1997-1:2005 适用于公共或私人工程合同,则本国家附件亦适用,除非合同文件中另有说明。

（7）本国家附件中所考虑的设计使用年限，请参照 NF EN 1990 及其国家附件中给出的定义。该使用年限不得在任何情况下与法律和条例所界定的关于责任和质保的期限相混淆。

（8）为明确起见，本国家附件给出了国家定义参数的范围。本国家附件的其余部分是对欧洲标准在法国的应用进行的非矛盾性补充。

（9）NF EN 1997-1:2005 及其国家附件在法国的应用也基于以下规范性文件：

—NF P 94 261:浅基础[1]；

—NF P 94 262:桩基础[1]；

—NF P 94 270:加固填料和钉子[1]；

—NF P 94 281:挡墙[1]；

—NF P 94 282:挡板[1]；

—NF P 94 290:土方工程[1]。

---

[1] 在建项目。

NF EN 1997-1 /NA

国家附件

（规范性）

AN 1　欧洲标准条款在法国的应用

注1：条款编号与 NF EN 1997-1:2005 相同。

条款2.1 设计要求

条款2.1（2）

注1：对于"计算设计年限"（第2段），应包括 NF EN 1990 的"设计使用年限类别"。

注2：当没有规定岩土工程结构的设计使用年限时，它是 NF EN 1990 国家附件表2.1（NF）中给出的值（NF P 06-100-2），本附件的表 AN.1（NF）回顾了 NF P 06-100-2 推荐的设计使用年限参考值，并举例说明了通常与这些使用年限类别相关的设计。

注3：在某些岩土工程结构（例如锚杆）的国家标准附录的适当位置给出了需要考虑的具体设计使用年限参考值。

注4：在任何情况下，项目的设计使用年限不能与涉及责任和质保的法律条文所规定的期限相混淆。

表 AN.1（NF）　设计使用年限参考值

设计使用年限类别	设计使用年限参考值（年）	范　　例
1	10	临时结构[a]
2	25	可替代构件，例如轴承梁、支座[b]
3	25	农业建筑结构和类似结构
4	50	建（构）筑物的常见结构
5	100	其他建（构）筑物的结构、桥梁及巨大的建筑结构

[a] 可被拆卸以重复使用的结构或不应被视为临时性的结构构件。另见上文注3。

[b] 此类别通常与岩土工程无关。

条款 2.1（8）P

为了确定岩土工程勘察、设计和施工监督的范围和内容的最低要求，并区分轻型、简单工程结构和其他岩土工程结构，应考虑设计使用年限及其岩土类型。

宜在项目设计开始之前由项目业主或其代表确定，并在必要时随着设计的进展而明确指定以上内容，对以上内容的确定取决于场地的岩土工程复杂性和结构失效的后果。

宜考虑拟建工程被毁或被损坏对人员、工程和邻近建筑物以及在环境保护方面的后果。

注：根据 NF EN 1990（条款 B.3.1——表 B.1）附录 B（资料性），可以区分以下类别的后果：

    ——轻微后果（CC1），在社会、经济或环境方面，对人员、建筑工程或邻近建筑产生的影响微小或可以忽略；

    ——中等后果（CC2），在社会、经济或环境方面，对人员产生中度影响，和/或对建筑工程或邻近建筑物产生重要的影响；

    ——严重后果（CC3），在社会、经济或环境方面，对人们生活和/或建筑工程或邻近建筑产生重要的影响；

    应确定场地条件（地形、自然和地形属性、水文状况）来定义项目的岩土类别。

可根据项目的复杂性定义项目岩土工程类型以及满足与勘察、设计和施工监督的规模和内容有关的最低要求，通过以下方式确定：表 AN.2（NF）中的参考性意见。

表 AN.2（NF）　根据现场的条件和后果划分岩土工程类型

岩土工程类型	后果类别	现 场 条 件	依 据
1	CC1	简单且已知	有丰富经验，对岩土工程非常了解
2	CC1	复杂	了解岩土及计算
3	CC2	简单或复杂	
4	CC3	简单或复杂	深度了解岩土及计算

注 1：NF EN 1997-1 的 2.1 中有岩土工程类型的例子。

条款 2.4 岩土工程设计计算

> 除了 NF EN 1997-1 的法国补充标准中的特定规定外,对于通过岩土工程设计确定结构尺寸以及在持久或短暂状况下的承载能力极限状态,适用于作用、材料特性和承载力的分项系数值是 NF EN 1997-1:2005 附录 A 推荐的值。
>
> 该规定适用于以下条款:
>
> 2.4.6.1(4)P、2.4.6.2(2)P、2.4.7.1(2)P、2.4.7.2(2)P、2.4.7.3.2(3)P、2.7.4.3.3(2)P、2.4.7.4(3)P、2.4.7.5(2)P、7.6.2.2(14)P、7.6.2.3(4)P、7.6.2.3(8)、7.6.3.2(2)P、7.6.3.3(3)P、7.6.3.3(6)、8.5.2(2)P 和 11.5.1(1)P。

条款 2.4.6 设计值

条款 2.4.6.1 作用设计值

有关如何考虑水的作用以验算岩土工程的承载能力极限状态(STR 和 GEO)的指南见资料性附录 AN 4(NF)。

条款 2.4.7 承载能力极限状态

条款 2.4.7.2 静力平衡验算

有关如何考虑水的作用以验算岩土工程的承载能力极限状态(EQU)的指南见资料性附录 AN 4(NF)。

条款 2.4.7.2(2)P

NF EN 1997-1 的补充标准对静力平衡极限状态 EQU 进行识别,特别是那些需要进行 EQU 验算的结构。

条款 2.4.7.3 持久和短暂状况下结构和地基的极限状态验算

条款 2.4.7.3.4 设计方法

条款 2.4.7.3.4.1(1)P

适用的设计方法是方法 2 和方法 3。

方法 2 是推荐方法。

注 1:在这种情况下,将应用以下分项系数集合的组合:

$$A1" +" M1" +" R2$$

注 2:在这种方法中,分项系数应用于作用和地基承载力的作用或作用效应。如果这种方法用于边坡稳定性或整体稳定性计算,则其作用是由地基作用引起的断裂面的强度乘以 γ_E,断裂面上的总抗剪强度除以 $\gamma_{R;e}$。

方法 3 可用于验算场地的整体稳定性,抗滑桩、加劲填方和土钉墙的整体稳定性,以及用于土-结构相互作用的数值分析。

注 1:在这种情况下,将应用以下分项系数集合的组合:

$$(A1^* \text{ 或 } A2^\dagger)" +" M2" +" R3$$

* 来自结构的作用。

† 用于岩土工程的作用。

注 2:在这种方法中,分项系数应用于结构作用或作用效应,并应用于地基强度参数。如果这种方法用于边坡稳定性或整体稳定性分析,通过使用分项系数 A2 的集合,将施加在地面上的作用(例如来自结构或交通荷载的作用)视为土体作用。

注 3:适用于除土体以外的材料的分项系数可能有助于工程的稳定性,这些系数由 EN 1992 至 EN 1999 规定,如果不符合,则通过 NF EN 1997-1 的补充国家标准来确定。

注 4:有必要通过整体稳定性验证来研究实施岩土工程场地的稳定性,并通过验证工程的整体或整体稳定性,研究工程所需土的稳定性。

条款 2.4.7.4 上浮(UPL)的验算程序和分项系数

有关如何考虑水的作用以验算岩土工程的承载能力极限状态(EQU)的指南见资料性附录 AN 4(NF)。

条款 2.4.7.5 对地下水渗流产生的隆起破坏的抗力验算

注:NF EN 1997-1 的补充国家标准在适当的地方规定了在持久或短暂状况下宜用于验算极限状态(HYD)的公式(2.9a)或公式(2.9b)。

条款 2.4.8 正常使用极限状态

条款 2.4.8(2)

除非在 NF EN 1997-1 的补充国家标准中另有规定,否则分项系数值应取 1,用于验算正常使用极限状态。

条款 2.4.9 基础位移的极限值

条款 2.4.9 (1)

在项目设计开始之前,业主或其代表必须设定允许结构基础位移的极限值。

注 1:导致上部结构达到极限状态的基础位移的极限值对于各个结构是特定的,并且不能作为一般规定进行规定。

注 2:条款 2.4.8(4)的适用条件在用于浅基础和深基础的 NF EN 1997-1 的补充国家标准中规定。

条款 2.5 按构造措施进行设计

条款 2.5.9 (1)

在 NF EN 1997-1 的补充国家标准中酌情说明了构造措施及其适用条件, 其中可能涉及关于设计、规格和标准的建议以及控制材料和施工方法以及保护和维护程序的相关内容。

条款 7 桩基础

为了计算桩基极限承载力和土体极限抗拉强度特征值而必须应用的有关系数值是 NF EN 1997-1:2005 的附录 A 中表 A.9 ~ A.11 中的建议值,该值在适当情况下通过模型系数进行修正。

应用的模型系数值在深基础的补充国家标准中的适当位置定义。

这个规定应用于以下条款:7.6.2.2(8)P、7.6.2.3(5)P、7.6.2.4(4)P、7.6.3.2(5)P 和 7.6.3.3(4)P。

条款 7.6.2 岩土抗压承载力

条款 7.6.2.3 由岩土试验结果确定的极限抗压承载力

在7.6.2.3(5)中,"试验次数"应包括"调查次数(或测试概况)"。

在使用7.6.2.3(8)中的备选方法时应用的模型系数值在适当的深基础补充国家标准中定义。

条款 7.6.3 地基抗拔承载力

条款 7.6.3.3 由桩载荷试验确定的极限抗拔承载力

在7.6.3.3(4)中,"试验次数"应包括"调查次数(或测试概况)"。

在使用7.6.3.3(6)中的备选方法时应用的模型系数值在适当的深基础补充国家标准中定义。

条款 8 锚杆

条款 8.5.2 岩土工程承载能力极限状态承载力

条款 8.5.2(2)P

在8.5.2(1)中,"锚杆岩土承载力"一词应理解为对预应力或非预应力锚杆的最终抗拔力,所谓的"固定"部分是通过注浆或通过螺钉固定在土体上的。

确定锚杆抗拔强度特征值的推荐程序在 NF EN 1997-1 的补充国家标准中有所描述,适用于不同类型的锚固结构(挡土墙、防水层等)。

当锚杆通过注浆密封在土体上或通过螺钉固定在土体上时,通常会进行锚杆断裂试验,视情况而定,先导测试(在施工开始前进行)或进行一致性测试(在施工开始时进行)。在施工现场也应进行结构锚杆测试,并且视情况进行规定的控制试验(张拉或断裂试验,以验证锚固质量)和/或拉伸试验(对于预应力锚杆)。

条款 8.6 正常使用极限状态计算

条款 8.6(4)

对于每种类型的结构,在 NF EN 1997-1 的补充国家标准中给出了用于验算锚固强度在正常使用极限状态下是否足够安全的模型系数值。

条款 9 支挡结构

条款 9.7.5 埋入式挡墙的竖向破坏

条款 9.7.5（5）P

根据几何形状以及第 6 章或第 7 章的规定检查挡墙的承载力。计算挡墙承载力的程序在相应的补充国家标准中给出。

条款 11.5.1 边坡稳定性分析

条款 11.5.1（1）

通常,这是 GEO 类型的最终极限平衡,即使断裂面与结构相交时,抗力基本上也来自土体。

适用于除土体之外的材料的分项系数可能有助于结构的稳定性,这些分项系数由 NF EN 1992 至 NF EN 1999 规定,如果不符合国家标准,则通过 NF EN 1997-1 的补充国家标准来确定。

AN 2　规范性附录 A 在法国的应用

适用于条款 A.2、A.3、A.4 和 A.5 中承载能力极限状态的分项系数和相关系数的推荐值。

AN 3　资料性附录 B ~ H 和附录 J 在法国的应用

对于 EN 1997-1:2005 在法国的应用, NF EN 1997-1 的附录 B ~ H 和附录 J 起到资料性的作用。

AN 4 考虑流体静力影响的建议(资料性)

地下水和自由水会对岩土工程结构产生重大作用。计算这些作用或其效应的规定在补充国家标准中给出。这些规定源于以下建议。

AN 4.1 总体规定

作为一般规定,为了考虑水对岩土工程结构的作用F_w,以下规定适用:

——土中水的作用是通过与合同文件中定义的不同水平相对应的项目情况来确定的;

——合同文件中规定的水平优先参照 NF P 06-1022-2 中规定的水平确定,即:

- 准永久水平(或 EB 水平"低水");
- 频遇水平(或 EF 水平);
- 特征水平(或 EH 水平"高水");
- 偶然水平(或 EE 水平);

——除特殊情况外,淡水密度等于 $10kN/m^3$;

——水的作用被视为永久作用;

——通过各种计算情况考虑了由于水引起的作用的可变性。

在这种情况下,对于给定的项目,宜综合考虑计算工况、目标极限状态、现场条件以及构造措施来选择水位。

注1:考虑水施加在墙上的压力以及确定隐蔽结构的隆起(浮力)通常属于这些措施。

AN 4.2 特殊规定

在相关情况下,也可以将水的作用视为可变作用。